AF372631

APERÇU

SUR

LES COLÉOPTÈRES

ET

LES LÉPIDOPTÈRES

DU DÉPARTEMENT DE LA HAUTE-VIENNE

PAR J.-L. SAMY

LIMOGES

IMPRIMERIE DE CHAPOULAUD FRÈRES

1860

APERÇU

SUR

LES COLÉOPTÈRES

ET

LES LÉPIDOPTÈRES

DU DÉPARTEMENT DE LA HAUTE-VIENNE.

Voulant donner aux quelques heures de loisirs que me laisse mon humble profession un but sérieux et utile, je m'occupe, depuis deux ou trois années, d'entomologie.

Dans ce court espace de temps, quoique j'aie pu constater combien notre pays est riche en insectes de tous les ordres, mes études ont particulièrement porté sur les *coléoptères* et les *lépidoptères*, et il m'a été donné d'en recueillir, dans mes rares excursions, près de douze cents espèces diverses, sur lesquelles sept ou huit cents sont définitivement classées.

Ces résultats, connus de personnes honorables, et qui me portent quelque intérêt, les ont engagées à me proposer d'envoyer au Congrès scientifique le fruit de mes travaux entomologiques. Je me suis rendu à leur désir, et le Congrès a été assez indulgent pour encourager mes débuts en votant l'impression de mon mémoire. Je réclame d'avance pour ma rédaction toute l'indulgence qui est due à un jeune homme qui n'a pas eu le bonheur de faire d'études littéraires.

Dans ce travail, que j'aurais facilement pu doubler en citant toutes les espèces que je possède, leur habitat en particulier, etc., j'ai adopté pour guide l'excellent *Catalogue des coléoptères d'Europe* de M. de Marseul. A la tête de chaque famille, j'ai le soin d'énumérer le nombre des espèces qui la composent, et d'en faire connaître l'habitat et les mœurs.

Je serais heureux si mon exemple engageait des jeunes gens à s'adonner aux études entomologiques. En explorant le pays en tous sens, nous ne tarderions pas à rassembler les éléments d'une faune entomologique limousine, œuvre où chacun porterait sa pierre, et qui servirait de base à une faune entomologique française.

C'est avec la plus entière confiance que je livre mon manuscrit à la publicité ; car M. le colonel Pradier, entomologiste des plus distingués, a bien voulu se charger de vérifier mes déterminations, et me fournir le nom de quelques espèces prises par lui dans nos localités : qu'il me permette de lui offrir ici l'expression de ma respectueuse gratitude ! Je dois aussi à

quelques jeunes gens, mes compagnons d'excursion,
je pourrais dire mes élèves, la découverte de plusieurs
espèces que je n'ai pas encore rencontrées : je ne puis
que les engager à persévérer dans l'étude de l'entomologie.

COLÉOPTÈRES.

CICINDÉLIDES. — Cette famille et les trois suivantes
sont composées d'insectes carnassiers qui font une
chasse continuelle aux animaux herbivores de petite
taille, tels que les lombrics, les chenilles, etc.
L'unique espèce de ce groupe que j'ai rencontrée est
le *cicindela campestris*, Linn. : on le prend en abondance sur les terrains sablonneux, à la plus forte
ardeur du soleil. Mes explorations, restreintes aux
environs de Limoges, ne m'en ont pas fait découvrir
davantage : assurément nous devons en posséder
d'autres, surtout aux environs de Bellac et du Dorat,
à proximité des terrains calcaires, et sur les bords du
Vincou et de la Gartempe.

CARABIDES. — C'est l'une des plus intéressantes
familles de l'ordre des coléoptères, autant par le
nombre prodigieux de ses espèces que par celui de
ses individus. On les rencontre un peu partout, mais
principalement dans les lieux humides, sous les
pierres, les mousses, dans les bois au pied des arbres,
quelquefois sous les écorces, et plus rarement sur
les plantes (*zabrus*) ou sur les arbres (*calosoma*).

Parmi les cent trente espèces que j'ai observées, je
citerai comme les moins rares : les *Notiophilus semi-*

punctatus, Fabr.; ***Elaphrus riparius***, Linn.; ***Nebria brevicollis***, Fabr.; ***Leistus spinibarbis***, Fabr.; ***Procustes coriaceus***, Linn.; ***Carabus catenulatus***, *purpurascens*, Fabr., *cancellatus*, *nemoralis*, *auratus*, Linn. C'est ce dernier qui est connu dans nos pays sous les noms vulgaires de *cinq-sous* et de *jardinière*. La crainte qu'ont les enfants de faire pleuvoir en le tuant le leur fait respecter : on doit propager parmi eux cette petite superstition, à cause de l'appétit carnassier de ce carabide, qui dévore une foule d'insectes nuisibles à l'agriculture.

Drypta emarginata, Fabr.; ***Brachinus crepitans***, Linn., *explodens*, Dufts., *sclopeta*, Fabr. Les espèces de ce genre sont remarquables par la vapeur acide qu'elles lancent avec détonation lorsqu'on les inquiète ; ce qui leur a valu le nom de *canonniers*.

Dromius linearis, Oliv., *melanocephalus*, Dej., *4notatus*, Panz., *4maculatus*, Linn., *glabratus*, Dufts.; ***Dyschirius globosus***, Herbst.; ***Clivina fossor***, Linn.; ***Chlœnius vestitus***, Fabr., *tibialis*, Dej.; ***Oodes helopioides***, Fabr.; ***Badister bipustulatus***, Fabr.; ***Diachromus germanus***, Linn.; ***Anisodactylus binotatus***, Fabr.; ***Harpalus maculicornis***, *calceatus*, *hottentota*, Dufts., *œneus*, *ruficornis*, Fabr.; *semiviolaceus*, Dej., etc.; ***Acupalpus meridianus***, Linn.; ***Stenolophus vaporarium***, Fabr.

Les *féronies* sont nombreuses dans nos environs : peut-être faut-il en attribuer la cause à nos montagnes boisées et entrecoupées de ruisseaux, lieux des plus favorables à la propagation de ces gracieux insectes. Les plus connues sont les ***Feronia cuprea***, Linn., *dimidiata*, Oliv., *vernalis*, Fabr., *erythropa*,

Marsh., *melanaria, anthracina*, Illig., *nigrita, striola*, Fabr.; *Zabrus gibbus*, Fabr.

Les *amares* fréquentent les lieux secs et arides. Les plus communes sont les *Amara trivialis*, Gyll., *familiaris*, Dufts., etc.

Dans les caves, on trouve communément le *Sphodrus leucophthalmus*, Linn.. et le *Pristonychus terricola*, Herbst., où ils vivent de limaces et de cloportes. *Anchomenus junceus*, Scop., *prasinus, pallipes*, Fabr., *modestus*, Strum., etc. : ils fréquentent les mêmes lieux que les féronies. *Olisthopus rotundatus*, Payk.; *Trecus minutus*, Fabr.; *Bembidium lampros*, Herbst., *articulatum*, Panz., *4guttatum, biguttatum*, Fabr., *callosum*, Küster, *nitidulum*, Marsh., *ustulatum*, Linn.

Je vais citer maintenant les espèces rares, en ayant soin de les faire suivre du nom des personnes qui les ont rencontrées lorsque je n'ai pas eu moi-même ce bonheur : *Elaphrus cupreus*, Dufts., trouvé à Châteauneuf (Pradier) ; *Leistes ferrugineus*, Linn., assez rare dans nos environs ; il en est de même des *Carabus granulatus, intricatus*, Linn., et *convexus*, Fabr.; les *Calosoma sycophanta* et *inquisitor*, Linn., sont assez communs dans les bois de La Bastide, du Puy-Moulinier, de Condat, etc., où leurs reflets métalliques attirent les regards de l'observateur le moins exercé ; *Cychrus attenuatus*, Fabr. : j'ai pris cette belle et rare espèce, sous des pierres, au bord des ruisseaux qui se jettent dans la Vienne en face Le Palais ; *Brachinus psophia*, Dej.; *Cymindis homagrica*, Dufts., dans les châtaigneraies des environs de Limoges (Goulard), *humeralis*, Fabr., à Châteauneuf (Pradier); *Dromius 4signatus* et *bifasciatus*, Dej.; *Lebia turcica*, Fabr. : ces espèces, qui sont généralement regardées comme méridionales, se trouvent assez communément à Limoges; les *Broscus cephalotes*, Linn., et *Anisodactylus nemorivagus*, Dufts., ont été pris une seule fois à Limoges (·Pradier).

Les *Panagœus crux-major*, Linn., *Callistus lunatus*, Fabr., *Chlœnius velutinus*, Dufts., *marginatus*, Linn., *holocericeus*, Fabr., se font remarquer par leur agilité et leurs couleurs variées.

Les *Feronia aterrima*, *nigra*, Fabr., et *femorata*, Dej., qui sont rares dans une grande partie de la France, se rencontrent assez souvent dans nos bois humides.

Nos amares les plus remarquables sont les sui-vantes : *Amara striatopunctata*, *tricuspidata*, Dej., *plebeja*, Gyll., *obsoleta*, Dufts., et *spreta*, Zimmer. : la première habite les graminées, où on la prend en grande quantité.

Calathus gallicus, Fairm. et Lab., *piceus*, Marsh.; *Taphria vivalis*, Illig. : ces trois dernières espèces, rares dans le reste de la France, abondent sous la mousse de nos bois; *Blemus areolatus*, Creutz., pro-venant des bords de la Briance (Pradier); *Bembidium flavipes*, Linn., pris dans un jardin (Goulard), *elon-gatum*, Dej. : j'ai pris cette magnifique espèce sur les bords de la Vienne; *B. monticulum*, Sturm : rare en France, pris quelquefois dans la Haute-Vienne (Pradier); *B. rufescens*, Guér. : sous les écorces de chêne et d'orme en décomposition.

Hydrocanthares. — Les hydrocanthares habitent les étangs, les pêcheries, les mares, les flaques d'eau, et plus rarement les eaux courantes. Ils nagent avec agilité, et poursuivent sans cesse, pour les dévorer, les insectes aquatiques, les mollusques fluviatiles, ou même de jeunes poissons, à qui ils savent donner la mort en leur crevant l'abdomen au moyen de leurs puissantes mandibules. Pendant le jour, ils restent dans l'eau ; mais ils sont obligés de remonter à la surface pour respirer l'air nécessaire à leur existence. Lorsque vient le crépuscule, ils changent de demeure, et s'élancent dans les airs : ce sont donc de véritables amphibies.

Voici, parmi les espèces que je possède, quelles sont les principales : *Cybister Rœselii*, Fabr. : dans les marais où M. Barbou des Courrières élève des sangsues ; *Dytiscus marginalis*, Linn. : c'est à cet insecte que quelques auteurs ont attribué à tort la faculté de marquer les variations atmosphériques par la hauteur qu'il occupe dans le vase où on l'a enfermé. Cette espèce est très-commune dans tous les amas d'eau. La variété *D. conformis*, Kunze, est également abondante. *Dytiscus punctulatus*, Fabr.; *Acilius sulcatus*, Linn.; *Hydatichus cinereus*, Linn.; *Colymbetes fuscus*, Linn., *collaris*, Payk.; *Agabus maculatus*, Linn. : ces trois dernières espèces, ainsi que le *Pelobius Hermanni*, Fabr., sont assez rares. La plupart des suivantes, au contraire, se trouvent en quantité : *Ilybius fuliginosus*, Linn.; *Agabus uliginosus, bipustulatus*, Linn., *didymus*, Oliv., *brunneus*, Fabr.; *Hyphydrus ovatus*. Linn.; *Hydroporus inæqualis*, *12pustulatus, confluens*, Fabr., *semistriatus*, Schrank, *erythrocephalus, palustris*, Linn., *flavipes, lepidus*, Oliv., etc.; *Haliplus fulvus*, Fabr., *lineatocollis*, Marsh.; *Gyrinus natator*, Linn.

Palpicornes. — Une grande partie des espèces de cette famille est aquatique comme la précédente, mais non carnassière comme elle. Les principales sont : *Hydrophilus piceus*, Linn.; *Hydrous caraboides*, Linn.; *Hydrobius fuscipes*, Linn.; *Philhydrus lividus*, Forst.; *Lacobius minutus*, Linn.; *Berosus luridus*, Linn.; *Limnebius truncatellus*, Thumb.; *Helophorus grandis*, Illig.; *Hydrochus elongatus*, Schal.; *Hydræna riparia*, Kugel., qui se trouvent ordinairement dans l'eau et sur les bords des ruisseaux et des rivières. Les suivantes se trouvent dans les bouses et autres excréments : *Sphæridium scarabeoides*, Linn., *bipustulatum*, Fabr.; *Cercyon hæmorrhoum*, Gyll., *quisquilium*, *unipunctatum*, Linn., etc., etc.

Brachélytres. — Les brachélytres pullulent partout : les fumiers, les cadavres, les champignons plus ou moins décomposés, les détritus de tout genre, en sont infestés; il y en a qui vivent aussi en compagnie de fourmis. Ils sont carnassiers, et partant rendent à l'agriculture les mêmes bienfaits que les trois premières familles.

Parmi les nombreux sujets de ma collection je citerai seulement les suivants : *Myrmedonia canaliculata*, Fabr.; *Falagria sulcatula*, *obscura*, Gravh.; *Oxypoda alternans*, Gravh.; *Aleochara fuscipes*, Fabr., *tristis*, Gravh., *rufipennis*, Lac., etc.; *Lomechusa strumosa*, Fabr. : cette belle espèce a été prise avec la *Formica flava* par Goulard; *Conurus littoreus*, Linn., *lividus*, Er.; *Tachyporus abdominalis*, Gyll., *hypnorum*, Fabr., *chrysomellinus*, Linn.; *Tachinus humeralis*, Gravh., *subterraneus*, Linn.; *Boletobius analis*, Payk., *atrica-*

pillus, Fabr. : ces deux dernières espèces se trouvent assez rarement dans les mousses; *B. trinotatus*, Er. : commun dans les champignons; *Xantholinus fulgidus, tricolor, punctulatus*, Fabr., *linearis*, Oliv.

Les *staphylins* les plus rares sont : *Staphylinus hirtus*, Linn., *chrysocephalus*, Fourc., *pubescens*, de Géer, *fulvipes*, Scop. Les plus communs sont : *S. maxillosus, murinus*, Linn., *nebulosus*, Fabr.: *Ocypus pedator, morio*, Gravh., *compressus*, Marsh., *olens*, Müll. L'*O. olens* est la plus grande espèce de la famille; on le trouve communément et presque toujours sous les pierres ou dans les champs. Lorsqu'on l'inquiète, il s'arrête, prend une attitude guerrière, relève son abdomen, et s'apprête à engager la lutte. Si c'est une chenille ou un autre petit animal qui ait osé braver sa colère, il l'a bientôt mis en pièces avec ses longues et puissantes mandibules.

Les *Philonthus laminatus*, Creutz., *bimaculatus, sanguinolentus*, Gravh.; *Acylophorus glabricollis; Quedius lateralis, fuliginosus, molochinus*, Gravh., *fulgidus*, Fabr., *impressus*, Panz., *picipes*, Manne., *attenuatus*, Gyll., se trouvent plus ou moins abondamment dans les bouses et les champignons pourris. L'*Oxyporus rufus*, Linn., se trouve communément dans les agarics.

Cryptobium fracticorne, Payk.; *Lathrobium elongatum*, Linn., *multipunctatum*, Gravh., *pallidum*, Nordm. : sous les détritus du ruisseau d'Auzette (Goulard); *Lithocharis melanocephala*, Fabr.; *Stilicus fragilis*, Gravh., *similis, affinis*, Er., *orbiculatus*, Payk.; *Sunius angustatus*, Payk., *uniformis*, J. Duval; *Pœderus longipennis*, Er., *riparius*, Linn., *ruficollis*, Fabr. Un grand nombre des espèces qui précèdent se trouvent au bord des eaux, qu'elles embellissent par leurs couleurs fraîches et variées, par leurs formes sveltes, par leur agilité, et surtout par leur abondance.

Le genre suivant a ses espèces également très-nombreuses ; mais elles ne sont pas revêtues de couleurs variées : à part ceci, elles ont les mêmes habitudes que les précédentes. En voici quelques-unes : *Stenus bipunctatus*, Er., *guttula*, Müll., *bimaculatus*, Gyll., *juno*, Fabr., *speculator*, Lac., *providus*, *plantaris*, Er., *oculatus*, *cicindeloides*, Gravh., etc. Le *Platystethus cornutus*, Gravh., habite les excréments, ainsi que les *Oxytelus piceus*, Linn., et *depressus*, Gravh.

Anthophagus præstus, Müll., pris, en septembre, par M. René de Mathan, sur les bords de la Vienne ; *Latrimæum melanocephalum*, Illig. : j'ai trouvé cette rare espèce sous les feuilles en novembre ; *Omalium rivulare*, Payk. : c'est par milliers que cette espèce habite les champignons, les excréments, etc.; *Micropeplus porcatus*, Fabr. : sous des détritus dans un jardin (Goulard).

PSÉLAPHIDES. — Cette famille est composée d'insectes excessivement petits. On les rencontre sous les pierres, les mousses, au pied des grandes herbes, dans les lieux humides, quelquefois avec les fourmis. Les espèces que je possède sont les *Pselaphus Heisei* Herbst.; *Bryaxis fossulata*, Reichn., *impressa*, Panz. L'exiguïté de ces petits animaux est cause que j'ai un peu négligé jusqu'à ce jour sinon leur recherche,

au moins leur étude. Il en est de même des scydmé-
nides et de quelques groupes de la famille suivante.

CLAVICORNES. — Ce groupe est tellement hétérogène
qu'il est impossible de rien dire de général à son
égard. La tribu des *silphides* est remarquable par les
mœurs des nécrophores. Lorsqu'un individu de ce
genre a découvert le cadavre d'une taupe, d'un rat,
d'une grenouille ou de tout autre animal de même
dimension, il va chercher quatre ou cinq aides, et
là, tous en commun, ils se glissent, après avoir
examiné si le terrain est convenable, sous l'animal
pour l'enterrer. Pendant que les uns le soulèvent, les
autres creusent la terre avec leurs pattes robustes,
et parviennent à l'inhumer, en vingt-quatre heures
environ, à une profondeur qui varie de vingt à
trente-cinq centimètres. Une fois ce travail achevé,
les mâles sortent; mais les femelles restent pour
déposer leurs œufs, après quoi elles meurent, et
deviennent, ainsi que l'animal enfoui, la pâture de
leurs larves. Quand l'animal est d'un plus fort
volume, comme un chat, un chien, etc., on voit
souvent ces insectes se réunir autour de lui au
nombre de huit, dix, quinze, vingt, et quelquefois
plus.

C'est dans de semblables conditions que j'ai pris le
Nécrophorus mortuorum sous le cadavre d'un chat, dans
les bois de La Bastide, auprès des *Phallus impudicus*,
Linn. Pendant les cinq ou six jours que dura la
putréfaction, j'y pris toujours l'insecte en question
sans jamais le voir dans le champignon, où quelques
auteurs voudraient le faire vivre exclusivement; ce

qui me fait supposer qu'il ne vit dans les matières fongueuses que dans le cas où les matières animales lui font défaut.

Necrophorus humator, Gœze, *vespillo*, Linn., *vestigator*, Herch., *mortuorum*, Fabr. Nos boucliers les plus communs sont les *Silpha sinuata*, Fabr., *tristis*, Illig., *thoracica, rugosa, atrata, obscura*, Linn. Les S. *reticulata*, Fabr., et *4punctata*, Schreb., sont plus rares, de même que le *Choleva picipes*, Fabr. : je ne l'ai trouvé qu'une fois, dans des agarics décomposés. Les *C. angustata*, Fabr., *agilis*, Illig., *tristis*, Panz., sont assez communs dans les lieux humides.

La petite tribu des *scaphidides* est représentée chez nous par les *Scaphidium 4maculatum*, Oliv., et *Scaphisoma agaricina*, Linn., qu'on trouve communément dans les vieux bois couverts de champignons.

Celle des *histérides* est assez richement représentée dans nos localités. Les uns habitent sous les écorces, comme les *Platysoma depressum*, Fabr.; *Paromalus parallelipipedus*, Herbst., etc.; les autres, dans les fumiers, les bouses, les cadavres, etc. : ce sont les *Hister 4maculatus*, Linn., *cadaverinus*, Ent.-Efte, *carbonarius*, Illig., qui sont communs. Les suivants sont plus rares : *H. sinuatus*, Illig., *purpurascens*, Herbst., *corvinus*, Germ., etc. Les *Saprinus œneus*, Fabr., *speculifer*, Latr., *nitidulus*, Payk., sont abondants ; le *S. virescens* est plus rare.

Le petit groupe des *phalacrides* ne nous fournit que trois ou quatre espèces, dont les principales sont : *Olibrus corticalis*, Panz., *bicolor*, Fabr., très-communs en été sur les fleurs, et en hiver sous la mousse et les écorces.

La tribu des *nitidulides* est composée d'insectes ordinairement petits, vivant sous les écorces, sur les
fleurs, dans les champignons, etc. En voici quelquesunes : *Nitidula bipustulata*, Linn., *flexuosa*, Fabr.;
Soronia grisea, Linn.; *Amphotis marginata*, Fabr.;
Omosita colon, Linn. : on les trouve dans les matières
animales décomposées. Les *Pria dulcamaræ*, Illig., et
Meligethes rufipes, Gyll., fréquentent les fleurs. Le
Pocadius ferrugineus, Fabr., est commun dans les
lycoperdons. *Cychramus luteus*, Fabr. Le *Peltis ferruginea*, Linn., a été pris sous l'écorce d'un vieux
châtaignier à La Bastide (Pradier).

La tribu des *colydides* est représentée par les *Bitoma
crenata*, Fabr.; *Aulonium sulcatum*, Oliv.; *Bothrideres
contractus*, Fabr., et *Cerylon histeroides*, Fabr., qui
vivent sous les écorces et dans le bois, où ils causent
de grands ravages. J'en dirai un mot lorsque je
parlerai des xylophages, famille à laquelle cette
tribu et la suivante appartenaient dans les anciens
auteurs.

Celle des *cucujides* ne nous fournit que deux espèces,
dont l'une est très-rare non-seulement en France,
mais même en Europe. Chenu (*Encyclopédie d'histoire
naturelle : Coléoptères*, T. I, p. 274) dit qu'elle est
propre à l'Allemagne, et Lacordaire écrivait, en
1856, dans son *Genera des coléoptères*, T. II, p. 399 :
« On ne connaît qu'une espèce de ce genre, originaire
des parties orientales de l'Allemagne et pays voisins,
mais qui paraît rare partout ». Dans une de nos
dernières promenades, M. Alfred Goulard et moi
avons eu le rare bonheur d'en rencontrer trois individus dans un vieux châtaignier. Cette espèce porte le

nom de *Prostomis mandibularis*, Fabr. L'autre est très-commune sous l'écorce des chênes : c'est le **Brontes planatus**, Linn.

Dans la tribu des *cryptophagides*, je ne possède que les *Cryptophagus lycoperdi*, Fabr., et *cellaris*, Scop. Le premier abonde dans le lycoperdon, et le second sur le vieux bois, dans les caves.

Nos contrées possèdent seulement quatre *mycétophagides*, qui sont les *Mycetophagus 4pustulatus*, Linn., *multipunctatus*, Helw., *fulvicolis*, Fabr., et *Litargus bifaciatus*, Fabr. : on les trouve communément sur le vieux bois et dans les champignons qui y croissent.

Les *dermestides* sont de petits insectes qui font beaucoup de dégâts dans les laines, les pelleteries, les collections d'histoire naturelle. Ils s'y introduisent pour y déposer leurs œufs, d'où sortiront des larves qui, pour se construire des fourreaux, couperont et mettront en pièces ces matières. La petitesse de ces larves fait qu'elles échappent à nos regards. Les *Dermestes vulpinus, tesselatus*, Fabr., *murinus*, Linn., etc., se trouvent dans les cadavres. Le *D. lardarius* se rencontre dans nos maisons, et particulièrement dans les charcuteries. Les *Attegenus pellio*, Linn., et *Anthrenus muscæorum*, de Géer, et *pimpinellæ*, Fabr., habitent les pelleteries et les collections. Le vieux bois est la demeure du *Megatoma undata*, Linn.

Parmi les *byrrhides* je citerai : le **Nosodendron fasciculare**, Oliv., qui se trouve dans les plaies des chênes, des aulnes, etc.; les **Byrrhus pilula**, Linn., et *fasciatus*, Fabr., et le **Cytillus varius**, Fabr., que l'on voit sous les mousses, les pierres ou sur les chemins.

La tribu des *parnides* ne nous fournit que le **Parnus**

prolifericornis, Fabr., qui est très-abondant dans les lieux humides et sur les plantes submergées, de même que l'*Heterocerus marginatus*, Fabr., est le seul individu que nous ayons de la tribu des *hétérocérides*.

Pectinicornes. — Petit groupe retranché depuis peu, par Lacordaire et de Marseul, de la famille suivante. Les insectes qui le composent sont remarquables par la grandeur de leur taille. Leurs larves font des dégâts effrayants dans les arbres où elles se développent : ce sont les chênes et les frênes qui deviennent ordinairement leurs victimes, comme il est facile de s'en assurer par l'inspection de nos bois.

Le fait suivant, que j'ai été à même d'observer, mérite l'attention des arboriculteurs. A la fin de l'hiver dernier, nous trouvâmes, mes amis et moi, dans un taillis qui longe la rive droite de la Vienne, à deux kilomètres en amont de Limoges, un frêne qui, n'ayant pu résister aux grands vents qui soufflaient depuis long-temps, avait été abattu. Nous le visitâmes immédiatement pour voir s'il ne contenait pas quelque espèce nouvelle, c'est-à-dire un trésor à ajouter à notre collection ; mais, après les plus minutieuses recherches, nous ne prîmes qu'une vingtaine de *dorques*, tous logés dans le cœur du ligneux, et ayant creusé un commencement de galerie qui allait du centre à la circonférence. Cet arbre paraissait d'une belle venue, et aucune crevasse n'existait sur l'écorce ; ce qui nous fit supposer que la femelle, pour y déposer ses œufs, avait dû y pénétrer en passant au-dessous du collet, en ayant soin de laisser intacte la partie exposée aux regards. En effet, depuis le dessous du collet jusqu'à une hauteur de cinquante à soixante centimètres, grâce à la voracité des larves, il n'existait, pour ainsi dire, plus de *duramen*. L'aubier et l'écorce n'avaient reçu aucune atteinte; mais ils furent néanmoins impuissants à lutter contre le vent, qui, aux yeux des profanes, eût certainement été regardé comme l'unique cause de la chute de cet arbre.

Les espèces que je possède sont le *Lucanus cervus*, Linn., appelé communément cerf-volant, et connu à Limoges sous le nom trivial de *cornard;* le *Dorcus parallelipipedus*, Linn. : ces deux espèces sont très-communes, trop communes même, dans nos bois, qu'elles dévastent. Le *Platycerus caraboides* est plus rare.

Lamellicornes. — Cette famille est une des mieux représentées dans la Haute-Vienne. Ses espèces ont des mœurs différentes selon les tribus auxquelles elles appartiennent : ainsi dans les bouses et autres excréments se trouvent les *coprides*, les *aphodides*, les *géotrupides;* sous les cadavres et à la racine des végétaux, l'on prend les *trogides;* les *mélolonthides* habitent sur les feuilles, et les *cétonides* étalent leurs couleurs brillantes sur les fleurs.

La plupart de ces insectes sont crépusculaires, et ont un vol lourd et peu élevé qui permet de les abattre facilement. Les larves des deux dernières tribus font éprouver de grands ravages à l'agriculture : celles des *mélolonthides* pénètrent dans la terre, où elles vivent au détriment des racines, tandis que celles des *cétonides* vivent dans l'intérieur du bois.

Mes principales espèces sont les *Copris lunaris*, Linn.; *Oniticellus flavipes*, Fabr.; *Onthophagus taurus*, *vacca*, *ovatus*, Linn., *cœnobita*, Herbst., etc.; *Aphodius erraticus*, *fossor*, *fimetarius*, *grannarius*, *4maculatus*, Linn., *scybalarius*, *nitidulus*, *inquinatus*, *bimaculatus*, *porcus*, *porcatus*, Fabr. : ces deux dernières sont assez rares, ainsi que le *A. tesselatus*, Payk., que j'ai pris en hiver. Le *A. prodromus*, Braham., est tellement commun de l'automne à la fin du printemps que tous les excréments en sont littéralement remplis. Les *Geotrupes typhœus*, *stercorarius*, *pilularius*, Linn., et *sylvaticus*, Panz., sont très-communs à Limoges, où on les connaît sous les noms triviaux de *fouille-merde*, *pousse-merde* et de *barbottes*. Le *G. vernalis*, Linn., m'a été envoyé du Dorat. Les *Throx scaber* et *sabulosus*, Linn., sont rares.

Le *Hoplia philanthus*, Sulz., habite nos bruyères humides. Le *H. cœrulea*, Drury, est un des plus beaux insectes de notre faune. Le dessus de son corps est d'un bleu aussi pur que l'azur du ciel, tandis que le dessous et les pattes sont couverts d'écailles argentées et à légers reflets irrisés. Il est très-commun sur les bords de la plupart de nos cours d'eau. Pendant les mois de mai, de juin et de juillet, les rives de la Vienne et de la plupart de ses affluents n'ont peut-être pas une fleur où ne repose une hoplie, dont les charmantes couleurs forment le contraste le plus gracieux avec le jaune bouton-d'or et la blanche et suave reine-des-prés.

Les autres espèces que je possède sont les *Ryzotrogus œstivus*, Oliv., *ochraceus*, Knock., qui sont communes. Le *R. ruficornis*, Fabr., dont je n'ai trouvé qu'un indi-

vidu mort, est beaucoup plus rare. Les *Melolontha
vulgaris* et *hippocastani*, Fabr., se ressemblent énor-
mément, et sont généralement confondus sous le nom
de *hannetons*. L'apparition de ces insectes a lieu au
printemps, c'est-à-dire en même temps que celle des
feuilles destinées à les nourrir : aussi, dans les années
où ils sont abondants, font-ils un tort considérable
aux arbres ; et, comme, à cette époque de l'année, la
respiration des végétaux s'opère en grande partie
par les feuilles, le sujet auquel ils s'attaquent ne
tarde pas à en souffrir dans tout son organisme.

Les *Anisoplia fruticola*, Fabr.; *Phyllopertha horticola*,
Linn., sont communs aux bords des eaux, sur les
saules, où l'*Anomala Frischii*, Fabr., se trouve aussi,
mais beaucoup plus rare : je l'ai pris à Saint-Martin-
Terressus, et on me l'a apporté de Saint-Junien.
Quelques personnes disent avoir pris à Limoges
l'*Oryctes nasicornis*, Linn.; mais je ne l'ai jamais rencontré ; je ne l'ai non plus vu dans aucune collection
provenant de nos localités.

Les *Cetonia hirtella*, *stictica*, *aurata*, Linn., *metallica*,
Payk., se font remarquer par la richesse de leur robe
métallique, dont l'éclat augmente encore suivant la
couleur des fleurs sur lesquelles ils viennent se
reposer. Le *C. morio* a été pris sur les fleurs du sureau
et du mille-feuilles (Goulard). L'*Osmoderma eremita*,
Linn., m'a été envoyé du Dorat, où il n'est pas très-
rare. Le *Gnorimus variabilis*, Linn., se rencontre dans
les vieux châtaigniers pourris. Le *G. nobilis*, Linn.,
est très-abondant sur les fleurs, de même que les
Trichius fasciatus, Linn., et *Valgus hemipterus*, Linn.

Sternoxes. — Cette famille est composée d'insectes essentiellement phytophages : on les trouve dans les bois. La tribu des *buprestides* se fait surtout remarquer par la beauté de ses couleurs. La plupart de ces espèces sont méridionales : aussi sont-elles rares dans nos contrées, et n'ai-je pu trouver qu'un *Bupestris 8guttata*, Linn. : je l'ai pris à Condadille, sur la rive gauche de la Vienne. Le *Chrysobothris chrysostigma*, Fabr., est également fort rare : je l'ai trouvé au Palais, et on me l'a envoyé du Dorat. Les *Corœbus undatus*, Fabr.; *Antaxia manca*, Linn., *cichorii*, Oliv.; *Agrilus sexguttatus*, Herbst., *cinctus*, Oliv., *derosofasciatus*, Lac.; *Trachys minuta*, Linn., sont plus abondants.

La tribu des *eucnémides* est représentée par le *Throscus dermestoides*, Linn., qu'on prend assez communément en fauchant dans les prairies.

Celle des *élatérides* est remarquable par la faculté qu'ont ses espèces de pouvoir, lorsqu'elles sont sur leur dos, se remettre sur leurs pattes : pour cela, l'animal courbe la tête et le prothorax vers l'abdomen, et se détend brusquement en frappant l'endroit sur lequel il est placé, ce qui le fait sauter ; il renouvelle ce manége jusqu'à ce qu'il ait réussi. On appelle vulgairement ces insectes *taupins* ou *toque-maillet*. Je possède un assez bon nombre d'espèces appartenant à cette tribu ; mais, faute d'ouvrages traitant cette partie de l'entomologie, je n'en ai pu déterminer qu'une vingtaine, parmi lesquelles je citerai : les *Athous rufus*, Fabr., *hirtus*, Herbst.; *Limonius cylindricus*, Payk., *bipustulatus*, Linn.; *Cardiophorus thoracicus*, Fabr.; *Elater sanguineus*, Linn., *ephippium*, Fabr.; *Corymbites hœmatodes*, Fabr., *tesselatus*, Linn.;

Agriotes lineatus, Linn.; *Diacanthus æneus*, Linn., *holosericeus*, Fabr., qui, pour la plupart, se trouvent communément dans nos bois, sauf la première et la dernière.

MALACODERMES. — Ainsi que leur nom l'indique, les espèces qui composent cette famille sont très-molles. On les rencontre, en général, sur les fleurs durant la belle saison, ou sur les plantes, près des lieux humides, comme les *Elodes livida* et *marginatus*, Fabr., ou au pied des arbres, sous les pierres, comme les *Lampyrix noctiluca*, Linn.; *Phosphœnus hemipterus*, Fabr.; *Drilus flavescens*, Fabr. : je ne connais pas la femelle de cette petite et rare espèce. Le *Lygistopterus sanguineus*, Fabr., se rencontre communément sur les fleurs. Les *Telephorus fuscus, lividus, obscurus*, Linn., *thoracicus*, Oliv., *melanurus, pallidus*, Fabr., etc.; *Malthinus flaveolus*, Payk.; *Malachius œneus, bipustulatus*, Linn., *elegans*, Oliv.; *Anthocomus fasciatus*, Linn.; *Ebœus thoracicus*, Fabr.; *Dasytes cœruleus*, Fabr., et *subœneus*, Schoen., se trouvent en très-grande abondance sur les fleurs, et principalement dans les prairies.

TÉRÉDILES. — Tous les insectes de cette famille sont nuisibles à l'agriculture, et partant devraient être sérieusement extirpés, à cause des dégâts que font leurs larves, soit en se développant dans le bois, ce qui est propre au plus grand nombre, soit dans les ruches, comme les *trichodes*, qui vivent des larves et du miel des abeilles. Mes principales espèces sont : les *Tillus unifasciatus*, Fabr.; *Thanasimus mutillarius*, Fabr., *formicarius*, Linn.; *Opilus mollis*, Linn.;

Trichodes apiarius, Linn., *alvearius,* Fabr., qu'on prend communément sur les fleurs, assez souvent sur les murs, et plus rarement, en hiver, sous les écorces et les mousses. Les *Corynetes cœruleus,* de Géer, et *rufipes,* Fabr., habitent les matières animales. Sur le bois mort et les vieux arbres se trouvent plus ou moins communément l'*Apate capucina,* Linn., et le *Lyctus canaliculatus.*

Le *Cis boleti,* Scop., se nourrit dans les champignons qui croissent sur les arbres.

Les *vrillettes* habitent dans nos maisons, où elles vivent aux dépens du vieux bois, auquel elles font des trous ronds comme celui qu'on ferait avec une vrille : d'où leur est venu le nom qu'elles portent. On les appelle aussi *horloges de la mort* à cause du bruit que font les femelles pour appeler leurs mâles. Pour cela elles se fixent solidement, au moyen de leurs pattes, sur un point d'appui, qui est ordinairement le bois dans lequel elles ont pris naissance, et là, avec leur tête et leur prothorax, elles frappent leur support si précipitamment qu'on a comparé le bruit qui en résulte à celui que produit l'échappement d'une montre. Voici les plus remarquables espèces que j'ai rencontrées : *Anobium tesselatum,* Fabr., *pertinax,* Linn., *striatum,* Oliv., *paniceum,* Linn., etc.

Le *Ptilinus pectinicornis,* Linn., et l'*Hedobia imperialis,* Linn., se trouvent, mais rarement, dans nos bois; les *Ptinus fur,* Linn., *latro,* Fabr., etc.; *Gibbium scotias,* Fabr., fréquentent nos maisons.

Collaptérides. — Deux espèces représentent cette famille dans nos environs : ce sont le *Blaps mortisaga,*

Linn., très-commun dans les caves, les celliers, etc., où son odeur infecte le rend insupportable, et l'*Opatrum sabulosum*, Linn., qui est très-abondant sur le sable des rivages.

CORISOPTÉRIDES. — Les insectes appartenant à ce groupe ont des mœurs trop différentes pour que je puisse en parler d'une manière générale. Les *Scaphidema œnea*, Payk., *Diaperis boleti*, Linn., et *Platydema violacea*, Fabr., se rencontrent, mais rarement, dans les vieux arbres pourris et couverts de champignons. Les *Tenebrio molitor*, Linn., et *obscurus*, Fabr., fréquentent les lieux sombres des habitations, principalement les boulangeries. L'*Helops striatus*, Fourc., est très-abondant au pied des chênes, des peupliers, etc. Le *Cistela atra*, Fabr., habite les plaies d'arbres, tandis que les fleurs sont la demeure des *C. murina* et *sulphurea*, Linn.

CLINOCÉPHALIDES. — Cette petite famille est composée d'insectes extrêmement agiles : on les prend sur les fleurs. Je n'en possède que deux espèces, qui sont les *Mordella fasciata*, Fabr., et *aculeata*, Linn., que nous trouvons communément pendant la belle saison.

TRACHÉLIDES. — Dans cette famille se trouve un des plus précieux coléoptères de notre faune. Ce n'est ni la richesse de sa couleur, ni la beauté de ses formes qui font rechercher cet insecte, mais bien la matière qui entre pour une grande partie dans la composition de ses téguments, et dont on se sert pour faire un des plus puissants remèdes qui soient dans le domaine de la thérapeutique. Mes espèces sont les *Meloe autumnalis*, Oliv., *proscarabœus*, Linn., que nous prenons sur le gazon, sous les haies, dans les prairies, mais en petite quantité. Ils sont vésicants, et peuvent jusqu'à un certain point remplacer la cantharide. Cette dernière est très-commune sur nos frênes, qu'elle dépouille quelquefois entièrement de leurs feuilles. La forte odeur que développe le *Cantharis vesicatoria*, Linn., sert à le faire découvrir à nos paysans, qui en font commerce. Pour cela, ils se munissent d'un flacon à large goulot, rempli de vinaigre, destiné à recevoir la cantharide. C'est avant le soleil levé qu'ils font cette chasse. Ils montent dans le frêne où sont les insectes, et qu'ils appellent *cantharidier;* ils le secouent fortement, et font tomber les cantharides sur un linge qu'ils ont eu le soin d'étendre sous l'arbre. Les *Notoxus monoceros*, Linn.; *Anthicus floralis* et *antherinus*, Linn., se trouvent communément sur les plantes et sous les pierres. Les *Pyrochroa coccinea*, Linn., et *rubens*, Fabr., m'ont été envoyés du Dorat.

LEPTODÉRIDES. — Ce petit groupe, dont les espèces fréquentent les bois et surtout les fleurs, a peu de représentants dans nos contrées. Les pricipaux sont les *Lagria pubescens*, Linn.; *OEdemera podagrariæ*, *cærulea*, Linn., etc.

RYNCHOPHORES. — Les *rynchophores* ou *curculionides* sont des insectes de petite ou de moyenne taille. Ils sont ordinairement frugivores; mais il y en a quelques-uns de xylophages. C'est à cette famille qu'appartient le plus redoutable ennemi des céréales. Parmi les cent vingt ou cent trente espèces que j'ai trouvées dans la Haute-Vienne, je citerai seulement les *Bruchus pisi*, Linn., *nubilus*, Bohem., etc., qui habitent les fleurs au printemps, et sous les mousses en hiver. Le *Tropideres niveirostris*, Fabr., se trouve, en hiver, sous les mousses, au pied des pommiers, des peupliers, etc. Le *Platyrhinus latirostris*, Fabr., est la plus grande et la plus belle espèce de la famille : je l'ai prise dans le tronc d'un vieux saule pourri près Limoges. L'*Apoderus coryli*, Linn., se trouve sur le coudrier. L'*Attelabus curculionides*, Linn., a été pris sur de jeunes châtaigniers. Les *Rynchites bacchus, cupreus, populi*, Linn., *betuleti*, Fabr., et *nanus*, Payk., se trouvent sous les mousses en hiver, ou sur les plantes au printemps. Les *Apion onopordi*, Kirl., *flavipes*, Fabr., etc., sont on ne peut plus abondants sur les plantes. Le *A. hœmatodes*, Kirb., est plus rare, et se trouve en fauchant dans les prairies au printemps. *Sitones crinitus*, Oliv., etc.; *Polydrosus planifrons*, Gyll., *flavipes*, de Géer; *Cleonus marmoratus, morbillosus*, Fabr., *grammicus*, Panz., etc.; *Pachycerus albarius*, Gyll. : je n'ai qu'un seul individu de cette rare espèce : je l'ai pris à Solignac. Les *Alophus triguttatus*, Fabr., *Minyops carinatus*, Linn., *variolosus*, Fabr., se rencontrent sur les plantes, sur la terre des chemins, sous les pierres, etc. L'*Hylobius abietis* se trouve en grand nombre au pied des sapins. Les *Molytes germanus*, Linn, *Phytonomus pastinacœ*, Ross., *murinus*, Fabr., *polygoni*, Linn., sont communs sous les pierres, près des murs et des haies. L'*Otiorynchus fulvipes*, Gyll., n'est pas rare à Solignac et au Dorat: l'*O.*

fuscipes, Oliv., est commun au pied des sapins ; l'*O. sulcatus*, Fabr., est assez commun sous les pierres. Les *Lixus crebricollis*, Bohem., *bicolor*, Oliv., se trouvent dans les prairies. Le *Larinus carlinæ*, Oliv., est commun près des lieux humides. Le *Pissodes notatus*, Fabr., a été trouvé sur un mur (P. Serre). Les *Erirhinus acridulus*, Linn., *vorax*, Fabr., *pectoralis*, Oliv.; *Anthonomus pomorum*, *druparum*, Linn., se trouvent sous les mousses et les écorces en hiver. Le *Balaninus elephas*, Gyll., a été pris à Limoges (Goulard) ; le *B. glandium*, Marsh., se trouve rarement dans nos environs, ainsi que le *B. nucum*, Linn.; le *B. villosus* est plus commun. Le *Tychius 5punctatus*, Linn., se trouve en fauchant sur la lisière des bois. Les *Orchestes quercus*, *salicis*, *decoratus*, Germar.; *Cryptorhynchus lapathi*, Linn.; *Cœliodes quercus*, *guttula*, Fabr., *didymus*, Linn., etc.; *Mononychus pseudacori*, Fabr.; *Cionus scrophulariæ*, Linn., *verbasci*, *blattariæ*, Fabr.; *Nanophies bythri*, Fabr., se trouvent, en général, sur les plantes dont ils portent le nom. Le *Sphenophorus mutilatus*, Laich., est assez commun sous les pierres et sur les chemins. Le *Calandra granaria*, Linn., plus connu sous le nom de *charançon*, habite nos greniers à céréales mal tenus : c'est l'insecte le plus dangereux que nous ayons : un seul couple peut, en peu de temps, détruire un tas de blé souvent considérable, tellement sa propagation est effrayante. La femelle dépose sur un grain un œuf, qui ne tarde pas à donner naissance à une larve : cette larve vit de la farine sans toucher à l'enveloppe, comme pour mieux cacher ses dégâts, que l'œil est impuissant à apercevoir : ce n'est qu'au poids qu'on le connaît.

Xylophages. — Cette famille, autrefois très-étendue, ne renferme plus que quelques genres, composés de petites espèces, vivant dans l'intérieur des arbres, aux dépens du bois, comme leur nom l'indique. Celles que je possède sont les *Hylastes ater,* Herbst., et *Platypus cylindricus,* Fabr. Les autres appartiennent aux genres *Hylesinus,* Fabr., *Eccoptogaster,* Herbst. (*Scolytus,* Geof.), *Bostrichus,* Fabr., etc. Je n'ai pu arriver à la détermination de ces espèces faute d'ouvrage spécial sur cette partie de la science.

Les insectes qui se nourrissent de bois ne sont pas seulement les *xylophages* tels qu'Erichson les a limités : ce n'en est là qu'une bien faible partie, comme il est facile de s'en assurer en vérifiant les familles dont j'ai déjà parlé, familles auxquelles il faut ajouter les *longicornes,* une partie des *élatérides,* des *buprestides,* etc., etc. Je n'ai pas besoin de dire que ce sont les larves, et non les insectes parfaits, qui font des dégâts aux végétaux dans lesquels elles se développent. Les autres ordres fournissent aussi une certaine quantité d'espèces lignivores; les principaux de ces ordres sont les *diptères,* les *hyménoptères,* et surtout les *lépidoptères,* qui ont quelques-unes de leurs larves ou chenilles d'une grande taille, et souvent très-nombreuses.

Les larves de ces insectes, provenant des œufs déposés par leurs mères sur le végétal qui doit les nourrir, vivent entre l'écorce et le ligneux, où elles se construisent des galeries plus ou moins tortueuses, qui, en empêchant la circulation du *cambium,* c'est-à-dire de la sève descendante, sont un obstacle à sa

transformation en *aubier* et en *liber* : d'où résulte un
épuisement général de l'arbre, qui quelquefois même
en meurt victime : aussi ces petits animaux sont-ils
regardés par les savants comme les plus grands
ennemis de l'arboriculture. Le mal existe, je le cons-
tate; mais à ce mal y a-t-il un remède?... La
science en décidera. Cette branche de l'histoire naturelle se rattache par tant de points à des intérêts si
précieux que les hommes instruits de notre département n'hésiteront pas, j'en ai l'espoir, à apporter le
tribut de leurs lumières pour la solution de cette
question d'une haute importance.

LONGICORNES. — La forme svelte des espèces qui
composent cette famille en fait une des plus élégantes
de l'ordre. Les pays montagneux et boisés sont les
lieux de prédilection pour ces insectes : aussi sont-ils
communs dans notre département, où ils fréquentent
les fleurs, principalement dans les bois. Les enfants
leur donnent le nom de *chèvres*, et les recherchent
beaucoup à cause du petit bruit qu'ils font entendre
lorsqu'on les saisit. Leur taille, qui est ordinairement
moyenne, devient quelquefois très-élevée, chez les
Cerambyx, ou petite, chez les *Gracilia*, etc. Leur
livrée, qui est, en général, sombre dans les grandes
espèces, se transforme chez les autres en couleurs des
plus admirables. Parmi les espèces que j'ai observées
dans la Haute-Vienne, je citerai comme les plus intéressantes les *Prionus coriarius*, Linn.; *Cerambyx cerdo*,
Linn., *heros*, Fabr., qui habitent les vieux chênes et
quelques autres arbres de nos forêts. Je n'ai pas
encore rencontré le type du *Purpuricenus Kœleri*, Linn.;

mais la variété *P. Servillei* est assez commune; la
variété *bilineatus* est beaucoup plus rare. L'*Aromia
moschata*, Linn., est commun sur les saules, et principalement sur l'osier, où l'odeur musquée qu'il exhale
le fait découvrir. Le *Callidium femoratum*, Linn., a été
trouvé dans les bois de La Bastide (Goulard); les
autres, *C. clavipes*, Fabr., *sanguineum, alni, variabile*,
Linn., sont communs. L'*Hylotrupes bajulus*, Linn., a
été pris dans un chantier en assez bon nombre
(L. Jalousie). L'*Asemum istriatum*, Linn., est très-rare :
on le prend à proximité des pins. Le *Clitus detritus*,
Linn., n'a été pris qu'une seule fois sur des fleurs de
cactus, dans une maison (Debernard). La plupart des
autres sont communs : ce sont les *C. liciatus, arcuatus,
arietis, mysticus*, Linn., *ornatus, 4punctatus, plebejus*,
Fabr., etc. J'ai pris deux individus du *Gracillia
pygmea*, Fabr., sur des fûts qu'on amenait de Cahors.
Le *Stenopterus rufus*, Linn., est commun sur les fleurs,
dans les bois. Le *Morimus lugubris*, Fabr., n'est pas
rare dans nos bois, de même que le *Lamia textor*,
Linn., sur les saules. L'*Acanthoderes varius*, Fabr., se
trouve, mais rarement, dans les chantiers, où l'on
trouve aussi le *Leiopus nebulosus*, Linn., assez communément. L'*Exocentrus balteatus*, Fabr., a été pris une
seule fois, sur les bords de l'Aurance (Goulard). Les
Pogonocherus hispidus, Linn., et *pilosus*, Fabr., ne sont
pas rares en hiver sous les écorces. Les *Mesosa nubila*,
Oliv., *Saperda tremulæ*, Fabr., *scalaris*, Linn., sont
rares, tandis que les *S. carcharias* et *populnea*, Linn.,
sont communs sur nos peupliers, principalement sur
le *populus alba*.

Les *Tetrops præusta*, Linn., et *Oberea linearis*, Linn.,

se trouvent communément sur le coudrier. Les *Phytœcia lineola*, *virescens*, Fabr., et *cylindrica*, Linn., sont assez rares. Le *Rhagium bifasciatum*, Fabr., est très-commun dans les vieux châtaigniers pourris, en hiver et au printemps, sur les fleurs de houx, etc. Je n'ai pris qu'un seul individu de la belle variété *Ecoffeti*, Muls. Le *R. inquisitor*, Linn., est très-rare dans nos localités. Les *Pachyta 8maculata;* Fabr.; *Strangalia aurulenta*, Fabr., *4fasciata*, *revestita*, *attenuata*, Linn., *armata*, Herbst., *bifasciata*, Müll., etc.; *Leptura tomentosa*, *livida*, Fabr.; *Grammoptera lœvis* et *ruficornis*, Fabr., se trouvent très-communément sur les fleurs, dans les haies, les jardins, les bois, etc.

Phytophages. — Les insectes qui composent cette belle famille sont de petite taille, parés de couleurs brillantes, et se nourrissent de végétaux, comme leur nom l'indique. Leurs espèces sont quelquefois réunies en grand nombre sur les arbres, et leur font un tort considérable en les dépouillant de leurs feuilles : parmi celles que j'ai observées, je citerai les *Donacia crassipes*, *dentipes*, *sagittariœ*, *nigra*, Fabr., qui fréquentent les plantes des lieux humides. Les *Lema cyanella*, *melanopa*, Linn., *Erichsonii*, Suffr.; *Crioceris merdigera*, *12punctata*, *asparagi*, Linn., se trouvent sur les plantes, dans les jardins ou les champs. Les *Clytra tridentata*, *longimana*, *4punctata*, *scopolina*, Linn., *concolor*, Fabr.; *Cryptocephalus violaceus*, *vittatus*, *gracilis*, Fabr., *sericeus*, *nitens*, *Morœi*, *bipunctatus*, Linn., *fulcratus*, Germ., *geminus*, Gyll., etc., se rencontrent plus ou moins abondamment sur les fleurs des prairies, des lisières des bois, etc. Le *Stylosomus mi-*

nutissimus, Germ., a été pris à Châteauneuf en battant les bouleaux (Pradier). Les *Timarcha tenebricosa* et *coriaria*, Fabr., sont très-communs sur le gazon. Les *Chrysomela staphylœa, gœttingensis*, Linn., sont assez rares : je les ai pris dans les bois sur les bords de la Vienne; les *C. sanguinolenta, fastuosa, cerealis, viminalis, polita, populi*, Linn., *limbata, litura, aucta*, Fabr., etc., etc., ne sont que trop communs pour l'agriculture. Le *C. venusta*, Suffr., est également très-commun dans nos environs, quoiqu'il soit rare en France. Les *Adimonia tanaceti, capreœ*, Linn.; *Galleruca calmariensis*, Linn.; *Agelastica alni, halensis*, Linn.; *Luperus flavipes*, Linn., se trouvent ordinairement sur les plantes dans les lieux humides.

Les *Haltica oleracea, nitidula, nemorum*, Linn., *ferruginea*, Schrank, *cœrulea*, Payk., *fuscipes*, Fabr., etc.; *Longitarsus 4pustulatus, tabidus*, Fabr., etc., *Sphœroderma testacea*, Panz., abondent sur la plupart des plantes. L'*Hispa atra*, Linn., que quelques personnes appellent le *hérisson en miniature*, à cause des épines qui le couvrent, est très-commun sur le gazon. Les *Cassida vibex, nobilis, nebulosa*, Linn., *margaritacea, ferruginea, equestris*, Fabr., etc., abondent sur les carduacées et dans les prairies.

ÉROTYLES. — Cette petite famille n'a que deux représentants dans nos localités, qui sont le *Triplax russica*, Linn., et le *Tritoma bipustulata*, Oliv. Le premier est commun dans les *boletus* qui croissent sur les pommiers et les peupliers, et le dernier dans les *polyporus* ou *dœdalea* des chênes.

SÉCURIPALPES. — Les insectes composant cette famille sont d'une gentillesse dont rien n'approche par leurs couleurs si agréablement variées et leurs formes hémisphériques ; ils se trouvent sur les végétaux, et se nourrissent aux dépens des pucerons : aussi doit-on les laisser vivre. Il y en a quelques-uns d'herbivores ; mais ils sont très-peu nombreux. La plupart de leurs espèces sont très-communes, et se rencontrent un peu partout. On les connaît à Limoges sous les noms vulgaires de *pipe-volle* et *bêtes du bon Dieu*. Voici les principales espèces que j'ai rencontrées : *Hippodamia 13punctata*, Linn., sur les plantes près des lieux humides. Les *Adonia mutabilis*, Schreb.; *Adalia bipunctata*, Linn., avec la plupart de ses variétés, *11notata*, Schnei., sont abondants sur les plantes, sauf le dernier, qui est très-rare. L'*Harmonia impustulata*, Linn., se rencontre, en hiver, sous les écorces. Les *Coccinella 14pustulata, 5punctata, 7punctata*, Linn., *variabilis*, Illig., avec le plus grand nombre de ses variétés; *Calvia 14guttata*, Linn.; *Halyzia 16guttata*, Linn.; *Vibidia 12punctata*, Pod.; *Thea 22punctata*, Linn.; *Propylea 14punctata*, Linn.; *Micraspis 12punctata*, Linn.; *Chilocorus bipustulatus*, Linn.; *Exochomus auritus*, Schreb., *4pustulatus*, Linn.; *Hyperaspis reppensis*, Herbst, sont pour la plupart très-communs sur les plantes. L'*Epilacha argus*, Geof., est assez rare : on le rencontre sur la bryone, dont il mange les feuilles. Les *Lasia globosa*, Schnei., et *Platynaspis villosa*, Fourc., se tiennent ordinairement sous la mousse, au pied des arbres, en hiver, et sur les plantes dans la belle saison.

Les *Scymnus pygmœus*, Fourc., *marginalis*, Rossi;

Rhizobius litura, Fabr.; *Coccidula rufa*, Herbst., sont très-communs sur les plantes des haies, des prairies, etc.

SULCICOLLES. — Le *Lycoperdina bovistœ*, Fabr., qui habite les lycoperdons, est le seul insecte que nous ayons de cette famille : je l'ai rencontré dans un petit bois près Boisseuil.

LÉPIDOPTÈRES OU PAPILLONS (1).

PAPILLONIENS. — Cette petite famille se compose d'espèces habitant les prairies ou les champs de luzerne en fleurs ; elles se font remarquer par leur forme svelte et leurs couleurs, dont l'effet est des plus agréables à l'œil. Je vais citer les principales espèces parmi celles que j'ai déterminées : le *Papilio podalirius*, Linn., est commun au Dorat, à Bellac et à Saint-Bonnet ; il est rare dans le reste de notre département. Le *P. machaon*, Linn., est, au contraire, très-commun sur les trèfles et luzernes de nos environs. D'après notre célèbre compatriote M. E. Berthet, homme de lettres, le *Parnassius Apollo*, Linn., aurait été pris sur nos montagnes élevées. Le *Leucophasia sinapis*, Linn., et sa variété *Erysimi;* les *Leuconea cratœgi*, Linn.; *Pierris napi, rapœ, brassicœ,* Linn., sont tellement communs que la plupart de nos

---

(1) Pour la classification de cette intéressante partie de l'entomologie, je suivrai celle donnée dans *l'Encyclopédie d'histoire naturelle* par le docteur Chenu, n'ayant pas d'ouvrages spéciaux à ma disposition.

prairies et jardins en sont infestés. Leurs chenilles vivent, en général, sur les plantes dont ils portent le nom, et leur font un tort considérable en les dépouillant de leurs feuilles. Le *P. daplidice*, Fabr., est assez rare dans nos environs. L'*Anthocharis cardamines*, Linn., qu'on appelle aussi *aurore* à cause des deux belles taches orangées qui ornent le sommet des ailes supérieures du mâle, est un de nos plus beaux papillons : on le prend très-communément en avril et mai dans nos prairies, près des eaux courantes. Les mêmes lieux sont habités par les *Gonepteryx rhamni*, Linn.; *Colias edusa*, Linn., variété *helice*, Hübner, *hyale*, Linn., qui se rencontrent aussi dans les champs de trèfle, de sarrasin, etc.

NYMPHALIENS. — Les espèces appartenant à cette famille fréquentent les bois, les prairies, les murs, et souvent les lieux secs et arides. Leur couleur est ordinairement le fauve relevé par des taches noires ou argentées. Parmi les nombreuses espèces que je possède, je citerai seulement : les *Argynis lathonia*, *paphia*, *niobe*, *dia*, Linn., *adippe*, *euphrosyne*, Fabr., etc., qui se font remarquer par la couleur nacrée qui orne la face inférieure de leurs ailes; on les trouve communément sur les fleurs de ronces, dans les prairies, les champs de fougères, au bord des chemins, etc. Les *Melithœa artemis*, *phœbe*, *didyma*, Fabr., *dictyma*, Esper, *athalia*, Bork., etc., abondent dans les prairies. Les *Grapta C. album*, Linn.; *Vanessa polychloros*, *urticœ*, *io*, *antiopa*, Linn.; *Pyrameis cardui*, *atalanta*, Linn., sont très-communs sur les orties, les saules, etc.

Les *Limenitis sibylla*, Linn., et *camilla*, Fabr., qu'on appelle aussi la *veuve* à cause de ses belles couleurs de deuil, fréquentent les bois humides, où on les prend communément sur les saules, les fleurs de l'yèble, etc. Les mêmes lieux sont habités par l'*Apatura ilia*, Fabr., et la variété *clytia*, Hübner, un des plus beaux papillons d'Europe : ses ailes sont de couleurs assez sombres, relevées par des taches blanches ou noires. Ces couleurs, comme chez les autres lépidoptères, sont formées d'écailles, et ici celles qui recouvrent les ailes du mâle ont la singulière faculté de pouvoir changer de nuance selon le point où on se place pour l'examiner ; ce qui lui a valu le nom vulgaire de *Mars changeant*.

L'*Arge galatea*, Linn., est très-commun dans les prairies en juin et juillet. Le *Satyrus phœdra*, Linn., a été pris parmi des bruyères à Saint-Bonnet (A. Leclerc). Le *S. circe*, Linn., aurait été rencontré par quelques personnes ; mais je ne l'ai jamais vu. Les autres espèces sont les *Satyrus semele*, *tithonus*, *mœra*, *œgeria*, *hyperanthus*, *pamphilus*, Linn., *janira*, Ochs., qu'on trouve très-communément dans les bois, les prairies, les chemins, sur les murs, etc.

ERYCYNIENS. — Cette famille est composée d'espèces de petite taille, qui hantent les bois et les pelouses. La couleur azurée dont la plupart de leurs espèces sont revêtues fait qu'on les distingue facilement d'avec les plantes sur lesquelles elles aiment à se reposer. De ce nombre sont les *Lycœna bœtica*, *argiolus*, *argus*, Linn., *amyntas*, *cyllarius*, Fabr., *erebus*, Esper, *œgon*, *agestis*, Hübner. Les *Thecla bœtulœ*, *quercus*, *rubi*,

Linn., *lynceus*, Fabr., **W**. *album*, Illig., se trouvent dans les forêts, où ils sont communs sur les arbres dont ils portent le nom. Les *Polyomatus phlœas*, Linn., et *xante*, Fabr., sont très-abondants sur les pelouses, dans les prairies, etc.

HESPÉRIENS. — Ce groupe, dont les espèces, peu nombreuses et de petite taille, habitent les mêmes lieux que celles de la famille précédente, est représentée chez nous par les *Steropes linea*, Fabr., *comma*, Linn.; *Syricchtus fritillium*, Fabr.; *Spilothyrus malvœ*, Fabr., et *Thanaos tages*, Linn., qui abondent pendant une grande partie de l'année.

SÉSIENS. — Cette famille est composée d'espèces qui ont une grande ressemblance avec certains hyménoptères, principalement avec ceux du genre abeille (*apis*). Leurs larves sont lignivores, et les insectes parfaits voltigent près des plantes qui les ont nourris : ce sont ordinairement les bois tendres, tels que ceux du peuplier, du bourdaine (*rhamnus frangula*), etc., auxquels ils s'attachent. Les *Sesia apiformis*, *tipuliformis*, Linn., et *culiciformis*, Laspey., sont communs dans nos localités.

ZIGÉNIENS. — Les espèces qui composent ce petit groupe se rencontrent dans les prairies et les champs de bruyères. Quoiqu'elles soient crépusculaires, il n'est pas rare de les voir voltiger au soleil, surtout les *Procris globulariœ*, Esper, et *statices*, Linn., qui sont communs sur les collines aux environs de

Limoges, d'Aixe et de Sauvagnat. Le *Zigena trifolii*, Esper, est très-commun dans les prairies humides.

SPHINGIENS. — Les sphingiens sont d'une taille élevée ; ils sont crépusculaires, sauf les espèces du premier genre, qui voltigent pendant le jour. Ils ont une longue trompe, avec laquelle ils pompent le suc des fleurs, sur lesquelles on les prend le soir. Les *Macroglossa stellatarum, bombyliformis* et *fuciformis*, Linn., se rencontrent sur les fleurs, où ils voltigent continuellement. Les deux derniers sont fort rares dans nos environs. Le *Deilephila elpenor*, Linn., est commun dans les jardins, où sa chenille attaque la vigne. Les *Sphinx pinastri, ligustri, convolvuli*, Linn., se trouvent, mais peu communément, surtout le premier. L'*Acherontia atropos*, Linn., qu'on appelle vulgairement *tête de mort* à cause des taches dont son thorax est garni, est commun dans nos environs ; sa chenille mange les feuilles de pommes de terre et de douce-amère. C'est le seul lépidoptère qui jouisse de la faculté de produire un son ou cri lorsqu'on l'inquiète. Les *Smerinthus tillæ, ocellatus, populi*, Linn., sont assez communs sur les tilleuls, les saules, les peupliers, etc. Plusieurs fois j'ai pris la chrysalide du premier dans le tronc des châtaigniers.

BOMBYCIENS. — Les papillons qui composent cette famille sont de grande ou de moyenne taille. Ils ne sortent de leur retraite que la nuit, comme toutes les familles qui suivent. Pendant le jour, on les trouve endormis sur les arbres, les murs, sous les feuilles, etc. La plupart de leurs espèces se trouvent communément dans nos environs. L'*Aglaia tau*, Linn., a été trouvé à Saint-Yrieix (C. Boileau). L'*Attacus pavonia major*, Linn., habite sur les ormes, les poiriers, les frênes, etc. (1); l'*A. pavonia minor*, Linn., sur les ronces, où l'on prend aussi le *Lassiocampa quercifolia*, Linn., mais assez rarement; le *L. potatoria*, Linn., se rencontre sur les diverses espèces de brômes qui croissent sous les haies. Les *Bombyx neustria*, *quercus*, *rubi*, Linn., fréquentent les haies de pruneliers, de ronces, etc. Les *Orgya pudibunda*, *antiqua*, Linn., habitent sur les ormes, les chênes, etc. Le mâle de la dernière espèce voltige pendant le jour. Les *Liparis chrysorrhœa*, *dispar*, *salicis*, Linn., sont les plus communs de nos papillons; leurs chenilles attaquent les poiriers, les pommiers, les ormes et la plupart des arbres de nos forêts et de nos jardins, qu'elles font quelquefois périr en les dépouillant de leurs feuilles au printemps, surtout lorsque les circonstances atmosphériques favorisent leur multiplication. C'est la première espèce du genre, le *cul brun* (*chrysorrhœa*), qui a fait rendre l'édit sur l'échenillage; sa chenille passe l'hiver sous une toile commune, appelée *bourse*, que les propriétaires sont tenus de détruire.

Les *écailles* ou *chélonies*, ainsi que les deux genres suivants, se font remarquer par leurs couleurs, qui ont l'aspect le plus ravissant, et qui sont ordinairement roses, purpurines, jaunes ou blanches, et relevées

---

(1) Ce ne sont pas ordinairement les insectes parfaits que l'on trouve sur les plantes que je cite, mais plutôt leurs chenilles, qui s'en nourrissent.

par des taches noires. Elles se rencontrent fréquemment, de même que leurs chenilles, sur les plantes basses, sous les haies. Les espèces que j'ai prises dans nos environs sont les *Chelonia caja*, *hebe*, *mendica*, *fuliginosa*, *russula*, Linn., *menthastri*, Ochs.; *Callimorpha hera*, Linn.; *Euchelia jacobœa*, Linn. La *Lithosia grammica*, Linn., qu'on prend en battant les haies, est rare, de même que l'*Hepialus lupulinus,* Fabr. Les deux espèces qui fournissent les chenilles qui occasionent le plus de dégâts dans les arbres où elles se développent sont les *Zeuzera œsculi*, Linn., et *Cossus ligniperda*, Fabr., qui vivent dans un grand nombre d'arbres ; ce sont souvent les ormes, les marronniers d'Inde, etc., de nos promenades, qu'elles choisissent de préférence. La *Dicranura vinula*, Linn., vit sur les peupliers. Sous les haies, on trouve les *Notodonta capucina* et *Pygœra bucephala,* Linn. : la chenille de ce dernier vit sur l'orme, le saule, le tilleul, etc.

NOCTUÉLIENS. — Cette famille se compose d'espèces qui ont les mêmes habitudes que celles de la précédente, sauf leur agilité, qui est beaucoup plus développée : elles sont nombreuses dans nos environs ; mais encore cette fois j'en ai peu déterminé, faute d'ouvrages spéciaux. Il en a été de même pour les familles suivantes. Sur les murs, les arbres, etc., couverts de lichens, on trouve les *Bryophila glandifera,* Hübner, et *perla,* Fabr. Dans les bois, et souvent le soir dans les maisons, on rencontre les *Amphipyra maura*, Linn.; *Triphœna fimbria*, *pronuba*, Linn., et *orbona,* Fabr. Au milieu des plantes fleuries des prés, on trouve le *Caradrina trilinea,* Hübner : sur les ormes de nos promenades, j'ai rencontré, mais très-rarement, le *Cosmia diffinis*, Linn. Les haies à proximité des peupliers sont habitées par le *Gonoptera libatrix*, Linn. Dans les prairies émaillées de fleurs on trouve fréquemment les *Plusia gama*, Linn.; *Heliothis dipsasea*, Linn.; *Euclidia mi*, Linn., et *Brephos parthenias*, Linn. Le *Catephia alchimista*, Fabr., y est très-rare. Les espèces qui composent le genre *lichenée* ou *catocala* sont de moyenne taille, habitant les bois, sur les chênes ou les peupliers et les saules, à proximité des lieux humides. Leurs ailes inférieures sont noires, et traversées par des bandes bleues, rouges ou jaunes, dont l'effet est des plus gracieux. Ces ailes inférieures sont repliées sous les supérieures, qui, de même que le corps, sont couvertes d'écailles grises, ce qui fait qu'il est difficile de les distinguer d'avec les lichens qui croissent sur les arbres où elles se reposent. Les plus rares sont : *Catocala fraxini, sponsa, paranympha*, Linn.; celles qu'on trouve souvent sont : *C. nupta*, Linn., *elocata*, Esper, *electa*, Borkh. L'*Ophiusa lunaris*, Fabr., est également assez commun dans les mêmes lieux.

Phaléniens. — Les phaléniens sont des lépidoptères de petite ou de moyenne taille, d'une consistance frêle, habitant les bois et les buissons, où on les trouve endormis pendant le jour; à son déclin, on les voit voler près de ces lieux. Je citerai, parmi les espèces qui forment ma collection, les *Urapteryx sambucaria*, Linn.; *Ennomos illustris*, Fabr., *angularia*, W. V., *prunaria*, Linn.; *Timandra amataria*, Linn.; *Himera pennaria*, Linn.; *Crocalis elinguaria*, Linn.; *Rumia cratægulata*, Linn.; *Hemithea buplevaria*, W. V.;

Geometra papilionaria, Linn.; *Hibernia defoliaria*, Linn. : ces deux dernières sont rares dans la Haute-Vienne; *Phalœna betularia*, Linn. : sa chenille vit sur les ormes de nos promenades; *Venilia maculata*, Linn. (la *Panthère* de Geoffroy); *Lerene grossulariata*, Linn., et *Strenia clathraria*, Linn., qui se trouvent très-communément dans nos environs.

Pyraliens. — Les insectes composant cette famille sont de petite taille, souvent ornés de couleurs vives; ils habitent les buissons, les lieux humides, et souvent dans nos maisons. Je nommerai les *Pyrausta purpuralis*, Linn.; *Hydrocampa nymphœalis*, Linn.; *Botis urticalis*, Linn., *verticalis*, Albin, *Aglossa pinguinalis*, Linn.; *Hypena proboscidalis*, Linn.; *Halias quercana*, Linn.; *Tortrix viridana*, Fabr.; *Myelophila cribrella*, Fabr.; *Yponomeuta evonimella*, *padella*, Linn.; *Adela swammerdammella*, Linn.; *Tinea tapesella*, Linn., *flavifrontella*, *granella*, Fabr. La première espèce de ce genre est celle qui voltige le soir dans nos appartements autour de la lumière; elle est connue à Limoges sous le nom de *bonne-âme*. C'est sa chenille qu'on nomme *teigne*, et qui fait tant de mal à nos tissus, dans lesquels elle vit. Le *Pterophorus pentadactylus*, Linn., se trouve abondamment aux environs de Limoges.

Me voici arrivé à la fin de cet aperçu, beaucoup trop succinct, sur les coléoptères et les lépidoptères de notre département. Peut-être me reprochera-t-on d'avoir trop restreint mon travail : mais je savais que d'autres mémoires bien plus importants que le mien devaient figurer dans le Compte-Rendu du Congrès scientifique, et je n'ai pas voulu usurper une place qui leur était légitimement due : aussi ai-je négligé tous les autres ordres, et, dans les deux que j'ai cités, ai-je indiqué seulement les espèces qui offraient le plus d'intérêt.

Bien peu de personnes s'occupent d'entomologie : c'est pour cela que j'ai cru devoir ôter à mon travail l'aridité d'un catalogue en y intercallant quelques mots sur les mœurs et les habitudes des insectes les plus remarquables, et surtout en signalant, comme chose de la plus haute importance, les dégâts que chaque espèce cause à l'agriculture.

Si certaines parties de cet opuscule sont moins développées que les autres, il ne faut pas l'attribuer à ce que mes recherches ont été infructueuses, mais à ce que mes déterminations ont été arrêtées à chaque instant par le manque d'ouvrages spéciaux. Les quelques relations que j'ai eues avec M. le colonel Pradier, dont j'ai parlé en commençant, et qui ont forcément été interrompues par son départ de Limoges, n'ont pas été d'une durée assez longue pour me permettre de nommer tous les insectes de ma collection.

Mes recherches, je le répète, n'ont pas été infructueuses : une contrée, en effet, qui, en deux ou trois années, et dans un rayon presque uniquement restreint aux environs de Limoges, a pu fournir à un jeune homme de vingt-deux ans, simple garçon perruquier, dépourvu de tout moyen d'instruction, et ne pouvant tout au plus consacrer à son étude favorite qu'un jour par semaine, deux ou trois mille insectes, est évidemment une contrée richement peuplée. Et, aujourd'hui que j'ai acquis un peu plus d'expérience qu'à mes débuts, il est bien rare si, lorsque je me mets en campagne, je ne rapporte pas, pour peu que le temps soit favorable, une douzaine d'insectes nouveaux à ajouter à ma collection.

En terminant, je dois dire que toujours je me ferai un plaisir de donner de plus amples renseignements sur notre faune entomologique aux personnes qui voudront bien me faire l'honneur de m'en demander.

(Extrait du Compte-Rendu de la 26ᵉ session du Congrès scientifique de France, tenue, à Limoges, au mois de septembre 1859.)

LIMOGES. — IMPRIMERIE DE CHAPOULAUD FRÈRES.

9 782329 321639